LES

MICROZYMAS

par

M. A. BÉCHAMP,

doyen de la faculté de médecine de l'Université catholique
de Lille

BRUXELLES,

F. HAYEZ, IMPRIMEUR DE L'ACADÉMIE ROYALE DE BELGIQUE.

1878

Extrait des *Annales de la Société scientifique de Bruxelles,*
2me année. 1878

LES

MICROZYMAS [1]

—

M ESSIEURS,

Vous venez d'entendre le titre de la communication que l'on m'a fait l'honneur de me demander pour cette séance. Les *microzymas* sont certainement inconnus à plusieurs d'entre vous. Tout à l'heure nous verrons quelle est l'étymologie de ce mot.

Les microzymas sont des êtres vivants, les plus petits et les plus simples qui existent. Leur petitesse est de la dernière des grandeurs mesurables. Pour les apercevoir nettement, il faut s'aider des grossissements les plus forts des microscopes les plus parfaits. Ils sont le commencement et la fin de toute organisation vivante. C'est vous dire que leur rôle et leurs fonctions sont d'une importance extrême. Ils sont aussi un des sujets qui ait été le plus controversé dans ces derniers temps.

Avant de vous raconter l'histoire de leur découverte et de décrire leurs propriétés, je vous demande la permission de reprendre les choses d'un peu plus haut et de poser quelques principes

---

1 Conférence faite à l'assemblée générale du mercredi 24 octobre 1877.

qui aideront à comprendre certaines parties de cette exposition.

Il est évident que les microzymas, comme tous les êtres vivants de ce monde, sont matériels. Il est incontestable aussi que leur matière est de celle que l'on appelle organique.

Mais qu'est-ce que la matière organique? Est-elle de nature et d'essence spéciale, sans lien commun avec le reste de l'univers matériel qui serait minéral? Est-elle, non-seulement d'essence spéciale, mais, comme Buffon le croyait, universellement répandue sous la forme de molécules organiques? Molécules organiques qu'il croyait capables, en vertu des propriétés qu'il leur supposait, de reproduire le monde vivant, si par hasard celui-ci venait à disparaître?

Non, la matière organique n'est pas ce que Buffon et les anciens croyaient.

C'est Lavoisier qui a fait la lumière; c'est lui qui a permis de définir la matière organique indépendamment de la notion de son origine. Il est aussi le premier qui ait nettement établi que l'univers matériel est constitué par des corps qu'il a définis comme simples. Il n'en connaissait guère que vingt-sept. Mais, en suivant docilement les principes de sa méthode, les chimistes ont successivement découvert l'ensemble des corps simples de la chimie contemporaine. Il y en a soixante-quatre ou soixante-cinq. Or, parmi ces corps il y en a quatre qui sont nécessaires et suffisants pour former la matière essentielle du monde vivant. En effet, toute matière organique est formée de carbone, d'hydrogène, d'azote et d'oxygène, unis deux à deux, trois à trois, quatre à quatre, le carbone étant toujours l'un des termes du composé. Tout le monde sait cela aujourd'hui. Mais il faut proclamer que c'est Lavoisier qui a fondé cette grande vérité dont, depuis bientôt un siècle, les chimistes ne cessent de démontrer la réalité expérimentale.

La matière organique, loin d'être spéciale par essence, est donc minérale par ses composants, puisque tous les corps simples sont minéraux. La matière organique est donc un composé chimique comme un autre: elle est formée de corps simples comme toutes les combinaisons chimiques possibles.

Mais, bien qu'ils connussent la composition de la matière organique, les savants, les chimistes mêmes, — un seul excepté, M. Dumas, — la définissaient par son origine, en disant qu'elle est le produit de l'activité vitale des êtres organisés. Ils croyaient à une chimie végétale, à une chimie animale. En 1825 Leuret et Lassaigne partageaient encore l'erreur de Buffon sur l'universelle dissémination de la matière organique dans toutes les parties du globe que nous habitons et Gerhardt, en 1849, croyait à une chimie vivante opérant par synthèse, tandis que la chimie ordinaire opère que analyse.

Cette erreur en a enfanté une autre; on admet, aujourd'hui même, une matière organique vivante, c'est-à-dire capable de passer spontanément à l'état d'organisme vivant. Il faut dissiper ce fantôme. Pour cela définissons bien les mots dont nous allons nous servir.

Une matière organique est-elle nécessairement une substance vivante? Non, puisqu'elle est minérale par essence et qu'il n'y a pas de matière minérale vivante! Il y aurait contradiction dans les termes. Rendons-la saisissable.

Voilà que je retire du sang d'un animal vivant de l'oxygène et de l'azote; de l'acide carbonique et de l'eau!

L'oxygène et l'azote de cette origine, que ma respiration rend sans cesse à l'atmosphère, sont-ils de la matière organique et sont-ils vivants? sont-ils plus vivants et plus organiques que dans l'air atmosphérique et dans l'acide nitrique qu'ils peuvent former?

L'acide carbonique de cette même origine, est-il de la matière organique, est-il vivant?

L'eau, enfin, l'eau, qui est ce qu'il y a de plus abondant dans cet animal, comme en moi, puisqu'elle forme les quatre-vingts centièmes de mon sang, de ma chair, de mon cerveau, c'est-à-dire de ce qu'il y a de plus vivant chimiquement dans mon être: oui, cette eau est-elle de la matière organique? est-elle vivante?

Mais cet azote et cet oxygène sont les mêmes que dans l'atmosphère.

Mais cet acide carbonique est identique avec celui de l'air, de la craie et des engrais qui sont aux pieds des arbres et dans le sol.

Mais cette eau est identique avec celle qui coule dans la rivière.

Parce que l'azote de l'acide nitrique, le carbone de l'acide carbonique, l'hydrogène de l'eau, se sont unis avec l'oxygène pour former ce que l'on nomme matière organique, celle-ci a-t-elle cessé d'être formée de carbone, d'hydrogène, d'azote et d'oxygène? Si ces quatre éléments, pris isolément, ne sont pas réputés vivants, doivent-ils l'être quand ils sont unis 2 à 2, 3 à 3, 4 à 4, le carbone toujours présent? Voilà la question! Elle se résout par l'absurde.

Donc il ne faut pas définir la matière organique par son origine. Il faut la définir, comme tout composé chimique, par sa nature, c'est-à-dire par ses composants. Elle est, répétons-le, minérale par essence, elle est quelque combinaison du carbone, avec un, avec deux, avec trois des trois autres corps simples nécessaires. S'il en est ainsi, que les partisans de la génération spontanée ne viennent pas nous dire que la matière organique suffit pour expliquer l'origine du monde vivant. Encore, pourtant, faudrait-il qu'ils arrivassent à nous démontrer que la matière minérale peut, d'elle-même, sans le concours d'un artiste, se constituer à l'état de matière organique.

Ceci m'amène à poser une seconde question.

Quelle est l'origine naturelle de la matière organique? Où, dans quel lieu, dans quel appareil, s'opère la synthèse de la matière organique, par l'union du carbone avec les trois autres corps simples nécessaires?

L'astronomie, la géologie, nous obligent de croire qu'à l'origine, notre terre était un globe incandescent, pendant longtemps à des températures tellement élevées que, certainement, aucune des substances constitutives des êtres vivants que nous appelons organiques n'aurait pu exister. L'acide carbonique lui-même n'existait peut-être pas durant une certaine période. Aux époques géologiques les plus reculées il n'y avait que des corps simples, ou des combinaisons de corps simples les plus stables et les plus minérales : de la silice, du granit en fusion. Durant cette période aucune combinaison des quatre éléments réunis, dont j'ai parlé tantôt, n'était possible.

C'est un fait indéniable et c'est une loi, que la matière des tissus d'un être vivant quelconque, soumise à l'action du feu, se détruit et s'anéantit comme matière organique. Il y a plus que cela : une telle substance, animale ou végétale, a un autre caractère ; c'est de n'être pas volatile et même, jusqu'à un certain point, d'être infusible. Avez-vous jamais entendu parler d'un végétal, d'un animal, volatils et résistant au feu ?

Encore une fois, quelle est donc l'origine de la matière organique ?

Lavoisier qui nous a révélé sa véritable nature a aussi répondu à cette question.

Je n'ai pas l'habitude, dans les questions d'ordre expérimental, d'invoquer l'appui d'autorités qui paraissent étrangères à la science. Mais je dois dire que Lavoisier, en résolvant le problème, n'a fait que confirmer une affirmation de Moïse dans la Genèse. Or, l'historien de la création affirme que les végétaux ont d'abord été créés. Le motif est expressément énoncé ensuite : c'est afin que les animaux, tous les animaux, eussent de quoi se nourrir.

Lavoisier est arrivé exactement à la même conclusion. Les travaux de M. Dumas, de M. Boussingault et de tant d'autres, ont démontré que les végétaux sont des appareils dans lesquels l'acide carbonique, l'eau, l'ammoniaque et l'acide nitrique, par un phénomène de réduction, c'est-à-dire grâce à une perte d'oxygène, engendrent la matière organique, celle qui sert à leur accroissement. Les animaux se nourrissent de cette matière ainsi formée par les végétaux et la consomment. Et si les végétaux cessaient de fonctionner, les animaux périraient d'une affreuse disette.

La synthèse de la matière organique s'opère donc, naturellement, dans les végétaux et sans eux il n'y aurait pas de matière organique sur la terre.

Cela ne veut pas dire qu'on ne puisse pas réussir à combiner le carbone, l'hydrogène et l'oxygène, sous forme de matière organique, sans le concours des végétaux. Ces sortes de combinaisons, et même des composés quaternaires, dans lesquels entre l'azote, ont pu être obtenues par synthèse totale. Il y a tantôt cinquante ans, M. Woehler a fait l'urée par synthèse minérale. Le cyanogène avait été obtenu par l'union du carbone et de l'azote. Pelouze était parvenu à produire l'acide formique à l'aide de l'acide cyanhydrique.

On avait donc réussi à former, par synthèse, des composés carbonés ternaires, et même quaternaires, qui se produisent naturellement dans les êtres vivants.

Mais la méthode générale n'était pas conçue ou découverte. On était si prudent il y a cinquante ans, qu'on n'avait pas osé généraliser les conséquences qui ressortaient de ces premières expériences. On persistait à enseigner, conformément à une conclusion de Fourcroy, de Berzélius et de Gerhardt, que la force vitale seule était capable de faire la matière organique. Ces faits, pourtant si nettement établis, n'étaient considérés que comme des cas particuliers.

M. Berthelot, une des illustrations de la science française contemporaine, s'est proposé de démontrer, et il y est parvenu, que la matière organique pouvait être produite par les procédés de la chimie minérale, en partant des éléments. La méthode se perfectionne de plus en plus et il est constant qu'on a produit un très-grand nombre de combinaisons que l'on ne pouvait jusqu'ici retirer que des règnes vivants. Et ceux qui devancent l'expérience soutiennent qu'on arrivera bientôt à faire la matière du blanc d'œuf, les matières albuminoïdes, la matière de la viande, c'est-à-dire les matières essentiellement plastiques du règne animal.

Pour moi, je n'y contredis pas. Je crois que la chimie a le droit de l'espérer et les chimistes de le vouloir. J'affirme davantage, je crois que lorsqu'on connaîtra toutes les ressources de la méthode, qu'on saura réaliser toutes les conditions du succès, on fera, je ne dis pas du blanc d'œuf ou de la viande, mais la matière organique du blanc d'œuf et de la viande et que ce sera mangeable. Cela sera détestable comme goût, mais en somme mangeable !

Mais qu'est-ce que cela prouvera relativement à la question posée? Évidemment, ceux qui ne sont pas difficiles à contenter, soutiendront hardiment que cela suffit; que puisque la matière minérale, par ses seules forces, a pu se constituer à l'état de matière organique, elle n'a plus qu'à devenir vivante et s'organiser. J'en demande bien pardon aux personnes qui raisonnent ainsi ; mais il me semble que leur raisonnement porte à faux, car elles ont négligé l'artiste qui a réuni les conditions de la synthèse.

Là devrait être pour elles, comme pour moi, la difficulté. Elles supposent que dans une circonstance donnée, pour faire telle opération, M. Berthelot n'a pas pris un matras, n'y a pas mis les ingrédients nécessaires, ne l'a pas scellé hermétiquement, ne l'a pas chauffé avec son contenu pendant cent cinquante heures à une température constante, etc. Bref, elles supposent qu'aucune intelligence n'est intervenue! Est-ce que ce facteur-là est négligeable? Je vous fait juges de la question!

Comment se fait-il pourtant qu'un homme supérieur, M. Berthelot lui-même, qui sait ce qu'il lui a fallu de science et de dextérité pour produire par synthèse totale l'acide formique, l'alcool et tous les autres composés qu'il a obtenus de cette façon, tienne si peu de compte de sa propre influence et s'écrie :

« Il s'agit de savoir si les matières organiques peuvent se former à la surface du globe, ou ailleurs, sans l'intervention des végétaux, indépendamment du concours de la volonté humaine, et par la seule influence des agents minéraux [1]. »

Après avoir reconnu la gravité de la question, il ajoute : « Vous allez voir que nous sommes autorisés à répondre d'une manière affirmative, sinon avec une certitude absolue, du moins avec une grande probabilité [2]. »

Remarquez, je vous prie, que pour M. Berthelot, ce n'est qu'une probabilité; grande ou petite, cela n'y fait rien.

Et savez-vous quelle est la source de cette probabilité si peu certaine?

[1] BERTHELOT. *Leçons sur les méthodes générales de synthèse organique*, p. 184.
[2] *Ibid.*

On trouve dans quelques eaux minérales une trace d'acide formique. Or, de ce que dans son laboratoire, par l'influence des actions puissantes que sa volonté met en jeu, il parvient à former d'autres composés organiques avec le carbone et l'hydrogène de cet acide, M. Berthelot conclut hardiment que dans la nature la matière organique peut n'avoir pas d'autre origine et il dit :

« Ainsi donc, nous devons admettre la production naturelle de l'acide formique, d'une matière organique, formée uniquement par la réaction spontanée des matières minérales, et susceptible d'engendrer d'autres matières organiques, sous l'influence des actions réductrices naturelles (1). »

Enfin arrive l'affirmation sans restriction :

« La formation *des matières organiques* peut donc être conçue et réalisée dans la nature, même en dehors de l'intervention des êtres vivants, et par des voies purement minérales (2). »

M. Berthelot s'arrête là. Il ne va pas, lui, grand savant qu'il est, un peu par prudence, sans doute, jusqu'à supposer que cette matière organique d'une origine si douteuse, deviendra spontanément un infusoire, un mollusque, un poisson, un batracien, un oiseau, un mammifère, que sais-je? un homme ! Non, M. Berthelot ne dit pas cela ! Mais d'autres, plus hardis et n'ayant rien à perdre, ah! ceux-là affirment audacieusement qu'un organisme peut se faire tout seul à partir de la matière minérale.

Eh bien! nous le verrons, M. Berthelot a compté sans les microzymas. Il suppose que l'acide formique de certaines eaux minérales provient de l'action de la potasse de ces eaux sur l'oxyde de carbone accidentel qu'elles peuvent rencontrer; la potasse elle-même provenant de la destruction des roches feldspathiques par les eaux pluviales.

J'ai autrefois examiné cette question de l'origine des acides organiques dans les eaux minérales. Là où l'on croyait à des influences purement minérales, il y a celles d'un organisme vivant.

---

1 BERTHELOT. *Leçons sur les méthodes générales de synthèse en chimie organique*, p. 186.

2 *Ibid.*

Dans les roches d'où sourdent ces eaux, il y a des microzymas.
Nous reparlerons de cela; auparavant je veux achever ce sujet.

J'admets que les chimistes produisent toutes les matières organiques possibles, jusqu'à celle qui fonctionne dans les éléments de la matière cérébrale. Pourront-ils l'organiser, eux ou les physiologistes?

Il y a des savants qui vous disent froidement que la *génération spontanée*, en tant que loi naturelle, est un postulat aussi nécessaire de la science positive que le postulatum d'Euclide pour la géométrie.

A la vérité, ils avouent « ne pouvoir pas nier que les expériences les plus récentes rendent son existence très-improbable pour la période actuelle (¹). » En fait, les expériences les plus modernes et les plus concluantes établissent d'une façon incontestable que la génération spontanée n'est pas une vérité de l'ordre expérimental. Mais ceux qui l'admettent comme un postulat nécessaire, affirment que ce qui n'est pas possible aujourd'hui, l'était autrefois. Mais alors la matière a donc à notre époque d'autres propriétés que durant les âges antérieurs! Vous jugez par là à quelles singulières conséquences on aboutit, quand on adopte un système préconçu et qu'on ne suit pas la voie droite de la méthode expérimentale.

Considérons les choses de haut.

Il est indifférent pour le chrétien de croire ou de ne pas croire à la génération spontanée. Tout le moyen âge, saint Thomas d'Aquin lui-même, a cru à ce mode de génération. Ce n'est pas du tout une doctrine condamnée. Il suffit d'admettre que Dieu, en créant la matière, l'a douée de propriétés qui l'ont faite capable d'engendrer les êtres organisés, par évolution ou autrement. La question est de savoir si c'est là une vérité d'ordre expérimental et si la matière d'aujourd'hui possède d'autres propriétés que celle d'autrefois.

Ceux qui ont un peu étudié la géologie, qui connaissent un

(¹) BURMEISTER, *Histoire de la création*, p. 361.

peu la flore et la faune des temps antédiluviens, savent bien que les plantes et les animaux de ces époques reculées étaient formés comme ceux de notre temps. Tout à l'heure j'espère vous faire toucher du doigt une vérité importante, savoir : que les derniers éléments histologiques des végétaux et des animaux d'alors, étaient les mêmes, doués rigoureusement des mêmes propriétés que ceux des végétaux et des animaux d'aujourd'hui.

Sans insister plus longtemps sur ce sujet, il faut pourtant rappeler que des expériences qui remontent à la seconde moitié du XVIIIme siècle, celles de Spallanzani, établissent que la matière organique de ce temps-là était incapable de s'organiser sans l'apport de germes vivants. Dans ces derniers temps, M. **Pasteur**, moi-même et d'autres encore, nous avons démontré, sans doute possible, que la matière organique, celle que les chimistes peuvent faire, aussi bien que celle que l'on prend à un végétal ou à un animal vivant, si des germes n'y arrivent pas, est incapable d'engendrer, non pas un être un peu élevé dans la série des êtres organisés, mais un vibrion, une bactérie, mais ce qu'il y a de plus simple en fait d'organisation, oui, pas même un microzyma.

Mais pourquoi vous parlé-je de microzyma à propos de génération spontanée? Tout simplement parce que c'est à propos de cette question que celle des microzymas est née, non pas comme un point de vue systématique, mais comme une déduction logique et naturelle de faits expérimentaux. C'est là, Messieurs, le commencement de l'histoire de la découverte des microzymas.

C'était en 1855 : M. Pouchet n'avait pas encore soulevé, à l'Académie des Sciences de Paris, la question des générations spontanées. Pour tous les savants, elle avait été jugée par les expériences de Spallanzani. Il n'y avait en ce moment-là qu'une opinion dans la science sur ce sujet. Il y avait bien par-ci, par-là quelqu'un qui y croyait; mais cette croyance n'était pas dans la science.

Or, M. Maumené, vers 1854, avait soutenu qu'une solution aqueuse de sucre de canne, abandonnée à elle-même, se décomposait peu à peu; que le sucre de canne y disparaissait insensiblement, pour y être remplacé par du sucre de raisin ; en d'autres termes, pour employer le langage des chimistes, que le sucre de canne s'intervertissait, que ses propriétés optiques qui lui faisaient dévier à droite le plan de polarisation étaient modifiées, et que la déviation passait à gauche. M. Maumené admettait que l'interversion était spontanée, accomplie par la seule influence de l'eau froide.

Je disais tout à l'heure que je ne croyais pas aux transformations spontanées de la matière. Il faut que quelqu'un ou quelque chose intervienne pour qu'elle se transforme, même chimiquement. En reprenant l'expérience de M. Maumené, non pour la vérifier ou la contredire, mais simplement parce que cela entrait dans l'ordre des questions dont je m'occupais à ce moment, je trouvai que véritablement, au bout d'un temps plus ou moins long, l'eau sucrée ne contenait plus de sucre de canne : celui-ci était réellement transformé en sucre interverti. On trouvera dans les comptes rendus de l'Académie des Sciences une note où je confirme purement et simplement l'expérience de M. Maumené. J'y ajoutais seulement une remarque : *il y a des moisissures au fond du vase.*

C'est en voulant me rendre compte de la part qui revenait à ces moisissures dans le phénomène de l'interversion, que j'ai découvert les microzymas. J'ai besoin d'insister un peu sur ces préliminaires, pour bien faire comprendre la portée de l'observation. Et remarquez bien qu'à cette époque on ne connaissait rien de la fonction des moisissures dans les phénomènes de cet ordre. Les travaux sur les fermentations qui ont été publiés depuis, notamment ceux de M. Pasteur, n'étaient pas encore commencés. On en était à la théorie de Gay-Lussac, de Berzélius ou de Mitscherlich.

Toutes les fois, donc, que je constatais la transformation du sucre de canne dans l'eau sucrée, je constatais aussi l'apparition des moisissures. Il me paraissait que l'interversion était corrélative au développement de ces organismes.

Les moisissures sont ce que tout le monde sait : des végétaux microscopiques analogues aux champignons. Elles sont de cou-

Leur variable, plus ou moins filamenteuses. Cependant il m'était arrivé d'observer la transformation sans voir apparaître ces moisissures filamenteuses ou réunies en membranes; alors j'étais fort perplexe, et voici ce qu'il y avait.

Au fond des fioles où le sucre s'était transformé, et où il n'y avait pas de vraies moisissures, j'aperçus une fine poussière, quelquefois presque blanche. En l'examinant au microscope, sous un grossissement de 600 à 800 diamètres, je vis cette poussière se résoudre en fines granulations. Je fus hardi, une fois dans ma vie, dans une question scientifique, et je conclus que ces fines granulations étaient aussi des moisissures, du moins agissaient comme elles. Ces expériences durèrent près de deux ans. Dans mon Mémoire je désigne ces fines granulations sous le nom de *petits corps*. C'étaient les microzymas que je désignais ainsi en 1857. Je vous prie de retenir cette date. J'en ai besoin pour protéger les microzymas. En ce moment ils sont plusieurs qui, après s'en être moqués, s'efforcent de s'en emparer au mépris du droit de propriété.

Vous voyez maintenant, au point de vue des générations spontanées, que la question était brûlante. Quelle était l'origine des moisissures et des *petits corps*? L'eau sucrée, sans leur présence, se fût-elle transformée? C'est alors que j'ai appliqué le procédé de Spallanzani. Je fis bouillir mes solutions sucrées pour tuer les germes vivants qu'elles pouvaient contenir et je les empêchais d'arriver dans mes solutions. Après cela, j'avais beau attendre des mois et des années, les moisissures n'apparaissaient plus, ni *les petits corps* et l'eau sucrée ne s'altérait pas.

L'application de la méthode de Spallanzani, qui a été imitée plus tard par M. Pasteur et par toute l'école qui s'est occupée de cette intéressante question, est longue et compliquée.

Je me suis alors demandé (vous trouverez tous ces détails dans le mémoire de 1857)[1], si parmi les agents chimiques, organiques ou minéraux, il ne s'en trouverait pas quelqu'un qui fût

------

[1] *Annales de Chimie et de Physique*, 3e série, t. LIV, p. 28, 1858.

capable d'empêcher les germes atmosphériques d'évoluer. Nous verrons que ce que l'on nomme germes atmosphériques, ce ne sont que des microzymas ; mais alors je ne le savais pas. Dans ma pensée il s'agissait de les empêcher de produire ces moisissures et ces petits corps. L'agent qui me parut d'abord convenir le mieux a été la créosote, ou l'acide phénique qu'on vendait alors pour créosote. Au point de vue chimique, la créosote et l'acide phénique sont des agents peu puissants, qui ne devaient pas agir sur l'eau sucrée, ou sur d'autres matières organiques, pourvu qu'on les employât à dose non coagulante. A la dose d'une goutte par cent centimètres cubes de solutions ces substances n'empêchent pas les moisissures d'agir, ni les fermentations de continuer, bien que les ralentissant ; mais ils devaient empêcher les germes de se développer. En effet, dans ces conditions l'eau sucrée se conservait indéfiniment, pourvu que les flacons fussent tenus bouchés. Mais si j'y introduisais ensuite des moisissures déjà développées, ou *les petits corps*, retirés de l'eau sucrée où ils étaient nés, l'interversion du sucre de canne ne tardait pas à commencer.

Notons donc que le sucre de canne et toutes les matières organiques solubles dans l'eau, même celles qui sont réputées les plus altérables, comme la gélatine, l'albumine, se conservent sans altération malgré le contact de l'air, lorsque leur solution aqueuse, bien filtrée, est additionnée d'acide phénique ou de créosote à dose non coagulante ; et, de plus, que les moisissures ou autres ferments figurés, continuent leur action malgré cette présence des agents employés.

Depuis que l'on connaît l'application de cette méthode, la créosote et l'acide phénique sont couramment employés en médecine et en chirurgie ; non-seulement pour paralyser l'influence des germes atmosphériques, mais pour modérer les actions transformatrices, même dans les organismes supérieurs.

Dans le cours des mêmes recherches, il m'est arrivé d'ajouter à l'eau sucrée divers sels : du sulfate de potasse, du nitrate de potasse, de magnésie ; du chlorure de zinc, de manganèse ; du nitrate de baryte, du chlorure de baryum, de l'alun, etc. Certains sels, le chlorure de zinc, le nitrate de baryte, garantissent l'eau sucrée contre l'altération, parce que les moisissures ne se développent pas, ni les *petits corps*. Certains autres, notamment l'alun et un mélange de divers sels et de phosphates, favorisent singulièrement la naissance des moisissures; j'ai pu ainsi opérer des fermentations presque aussi vives que par la levûre de bière. Nous expliquerons pourquoi. Mais si on ajoute de l'acide phénique dans les liqueurs, dès le début, le sucre ne se transforme pas, parce que rien d'organisé n'y apparaît.

Voici maintenant le côté le plus intéressant de ces longues expériences.

Parmi les sels insolubles que j'avais ajoutés à l'eau sucrée, se trouvait le carbonate de chaux, sous la forme de craie ordinaire, qu'on appelle blanc de Meudon. A mon très-grand étonnement, malgré l'addition de la créosote ou de l'acide phénique, le sucre de canne se transformait, quoique lentement, en sucre de raisin. Et ce qui est plus extraordinaire (c'est-à-dire, me le paraissait alors), la présence de la craie, malgré la créosote, provoquait une véritable fermentation : il se dégageait de l'acide carbonique et de l'hydrogène; le sucre finissait par disparaître et, en analysant le produit de cette étrange fermentation, j'y trouvais de l'alcool, de l'acide acétique, de l'acide lactique et même de l'acide butyrique.

Ce fait me parut si surprenant : le carbonate de chaux agissant comme un ferment! (en employant la craie, je le répète, je croyais employer du carbonate de chaux), que je publiai mes premiers travaux sur les fermentations, et le mémoire de 1857, sans en parler. J'ai retourné le problème dans tous les sens et j'ai été dix ans avant de publier mes recherches sur ce point. Mais j'avoue que j'ai été bien récompensé de mes peines !

Je suis en plein dans mon sujet, Messieurs !

Qu'y a-t-il donc dans la craie qui opère la transformation du sucre de canne en sucre de raisin et qui fait fermenter ce sucre comme le font les ferments les plus énergiques?

Je vais vous le dire.

La craie était regardée comme formée en grande partie de

carbonate de chaux et de quelques autres matières minérales. Les chimistes qui l'employaient s'en servaient comme de carbonate de chaux sans se douter qu'il y eût là autre chose ! C'est si commode d'avoir ce sel sans cesse sous la main en abondance !

Or, en examinant la craie au microscope, sous de très-forts grossissements, j'y observai une foule de *petits corps* tous pareils à ceux que j'avais vus dans l'eau sucrée. C'est à eux que j'ai attribué tous les phénomènes que j'avais observés. C'est ce point qu'il s'agit de bien établir. Cela fait, l'économie de cette communication vous apparaîtra évidente comme à moi ; et toutes ses conséquences se développeront naturellement.

Je me suis d'abord assuré que ce que je considérais comme organisé dans la craie, l'était véritablement. Subsidiairement, il fallait démontrer que le carbonate de chaux pur était incapable de faire ce que fait la craie.

Commençons par ce dernier point. Je me suis procuré du carbonate de chaux chimiquement pur, préparé dans des milieux créosotés ou phéniqués. J'en ai ajouté dans l'eau sucrée créosotée autant que j'y mettais de craie et dans les mêmes conditions dans lesquelles celle-ci agit. Le sucre de canne est resté inaltéré pendant huit ans au moment où, en 1866, j'ai publié ces résultats. Depuis, il y a telle expérience qui a été prolongée pendant quinze ans, sans que le sucre se transformât.

En présence de la créosote, même au contact de l'air, le carbonate de chaux ne transforme ni ne fait fermenter le sucre de canne ; cela devait être, car aucune substance minérale n'est un ferment.

J'ai dit que le microscope révèle les microzymas dans la craie. Pour les apercevoir il suffit d'en broyer un fragment sur la lame porte-objet du microscope, de délayer dans un peu d'eau, et de regarder sous un grossissement de 800 diamètres. On voit alors dans la préparation un grand nombre de point brillants, transparents, qui sont les microzymas. Ils contrastent avec les débris de carbonate de chaux par un certain mouvement de trépidation. Si l'on délaye la craie broyée dans l'eau et qu'on opère par décantation, on peut les isoler.

Pour les isoler plus complétement, on traite la craie par l'acide chlorhydrique étendu d'eau. Le carbonate de chaux se dissout, et les microzymas, avec une quantité notable de matières minérales inattaquées, restent insolubles. On recueille tout ce qui est insoluble sur un filtre et on l'y lave complétement à l'eau distillée.

S'il est vrai que tout être organisé contient de la matière organique, c'est-à-dire du carbone, de l'hydrogène, de l'azote sous forme de matière organique, le résidu insoluble doit contenir cette matière. Les analyses des microzymas de la craie sont publiées : ils ont la composition indiquée. La craie contient un peu plus de 1 millième de son poids de microzymas.

Mais j'ai été plus loin. J'ai démontré que ces microzymas contiennent une matière albuminoïde et une substance analogue au ligneux.

Ainsi, la craie contient des organismes vivants dont la matière est la matière ordinaire des êtres organisés ; et ces organismes sont capables de transformer le sucre comme le font les ferments les plus puissants que l'on nomme ferments lactiques, butyriques. Les microzymas sont donc des ferments, et leur nom rappelle qu'ils sont les plus petits des ferments. Telle est l'histoire de la découverte des microzymas de la craie, sensiblement comme elle est publiée dans les comptes rendus de l'Académie des Sciences pour l'année 1866 (¹).

Il reste à rechercher d'où viennent les microzymas de la craie. C'est ce que nous ferons un peu plus tard.

Tout à l'heure j'ai dit que les premières expériences avaient été faites avec le blanc de Meudon. On pouvait objecter que son activité n'avait d'autre source que les germes atmosphériques. Les expériences fondamentales dont je viens de vous parler ont

---

¹ *Du rôle de la craie dans les fermentations butyrique et lactique, et des organismes actuellement vivants qu'elle contient.* COMPTES RENDUS, t. LXIII, p. 451. Voici le début du mémoire : « Dans le cours de mes études sur les fermentations, j'en suis venu à me demander si l'unique rôle de la craie dans les phénomènes que l'on nomme *fermentation butyrique* ou *lactique* est de maintenir la neutralité du milieu, c'est-à-dire d'agir exclusivement comme carbonate de chaux. »

été faites avec de la craie tirée des carrières de Sens, prise à une grande profondeur au fond d'une longue galerie.

Mais si la craie recèle ainsi des organismes vivants, ce ne peut être un fait isolé. En réalité tous les calcaires que j'ai examinés, tous les calcaires de l'époque crétacée, les plus anciens et les plus modernes, le calcaire oolithique, les marnes, tous, sans exception, contiennent des microzymas doués de la même activité que ceux de la craie, intervertissant le sucre de canne et lui faisant subir la fermentation lactique et butyrique.

Voici une autre preuve de l'activité des microzymas de la craie. J'ai dit tout à l'heure qu'ils produisaient avec le sucre de canne de l'alcool, de l'acide acétique, de l'acide lactique et de l'acide butyrique. Mais la quantité d'alcool formé est toujours fort minime. Puisqu'il se produit de l'alcool, pourquoi si peu? Pourquoi pas autant qu'en produit la levûre de bière?

J'ai supposé qu'ils étaient capables de faire fermenter l'alcool lui-même, de le consommer à mesure qu'ils le formaient. Oui, c'est vrai, ils sont capables de consommer l'alcool. Seulement pour opérer cette fermentation, il leur faut une alimentation variée; il faut leur donner en même temps que l'alcool et beaucoup d'eau, une certaine quantité de musculine. Dans ces conditions ils ont transformé l'alcool en un mélange d'acide acétique, d'acide butyrique, d'acide caproïque et d'acides supérieurs à l'acide caproïque, c'est-à-dire plus carbonés et plus hydrogénés. L'acide caproïque est le produit le plus abondant de cette opération. J'ai l'honneur de vous montrer là plus d'un litre de cet acide formé de cette manière. Notez, s'il vous plaît, que l'acide caproïque a d'abord été découvert dans le lait de chèvre, par M. Chevreul. C'est la première fois qu'il a été produit artificiellement dans une expérience de laboratoire. Il y aurait beaucoup à dire sur ce fait, au point de vue chimique, mais il faut se borner. J'ajoute seulement que les microzymas du calcaire oolithique sont également capables de faire fermenter l'alcool en produisant les mêmes acides.

N'est-il pas remarquable qu'un composé comme l'alcool, qui est employé, comme antiputride, pour empêcher des fermentations, puisse lui-même fermenter? C'est là assurément une grande preuve de l'énorme activité fonctionnelle des microzymas géologiques.

Voyons maintenant quelle est la vraie grandeur des êtres en qui réside une telle puissance chimique.

Nous connaissons l'étymologie du mot microzyma. Un ferment est toujours un être microscopique très-petit. Dire que les microzymas sont plus petits que tous les ferments connus, c'est dire qu'ils sont d'une petitesse excessive.

Il nous est difficile de nous figurer des grandeurs qui dépassent démesurément celles que nous sommes habitués à considérer. Si, de plus, nous voulions exprimer certaines grandeurs à l'aide de certaines unités, le poids de la terre en kilogrammes, par exemple, l'unité choisie serait trop petite et nous serions embarrassés. Si, d'autre part, je voulais exprimer en chiffres le volume d'un microzyma de certain ordre, le centimètre cube serait une unité trop grande. Le millimètre cube étant l'unité choisie, la petitesse de certains microzymas est telle, que dans un millimètre cube il y en a plus de quinze milliards. Il y en a de plus gros; mais les moins petits ont moins de trois millièmes de millimètre de diamètre et il y en a qui ont moins de deux dix millièmes de millimètre de diamètre.

Insistons encore à un autre point de vue sur les microzymas, leur composition et la signification de cette composition.

Nous avons vu que toute matière organique est formée de carbone uni à quelqu'un ou à l'ensemble de trois autres corps simples : l'hydrogène, l'oxygène et l'azote. Mais un être organisé n'est pas seulement formé de matière organique, bien que l'on confonde quelquefois matière organique avec matière organisée. Un être organisé est un agrégat, un édifice où il entre plusieurs principes immédiats organiques et encore autre chose. En fait, un être organisé contient de la matière purement minérale associée et quelquefois combinée à la matière organique. Bref, la matière organique n'a besoin, tout au plus, que de quatre corps simples pour se constituer; tandis que dans les êtres organisés, voire dans les éléments anatomiques de ces êtres, il y a en outre quelques-uns des douze autres corps simples suivants : soufre, fluor, chlore, phosphore, silicium, potassium, sodium, calcium, magnésium, aluminium, manganèse et fer, unis à la matière organique, ou sous la forme de combinaisons diverses, salines ou autres.

En est-il autrement des microzymas? certainement non, puisqu'ils sont des êtres organisés. J'en ai analysé de diverses origines. Je vous en parlerai bientôt. Tous contenaient, outre la matière organique, de la matière minérale, sans compter environ 80 p °/₀ d'eau. Au point de vue de leur composition élémentaire, ils sont donc très-complexes. Ceux que je considère en ce moment contenaient en grande quantité une matière organique de nature albuminoïde assez voisine du blanc d'œuf par sa composition. Or l'albumine du blanc d'œuf contient :

144 équivalents ou atomes de carbone,
112 — ou 224 atomes d'hydrogène,
18 — ou 36 atomes d'azote,
2 — ou atomes de soufre,
44 — ou atomes d'oxygène.

Vous pouvez juger par là de l'élévation et de la complication de l'édifice moléculaire de l'albumine. C'est pourtant un corps aussi composé que cela qui se trouve associé à d'autres dans un microzyma.

Si l'on voulait se faire une idée de l'extrême divisibilité de la matière, et pour ceux qui croient aux atomes, une idée de leur grandeur possible, rien ne serait plus propre que la considération de certains microzymas, puisqu'ils présentent un objet saisissable, mesurable et capable d'une détermination géométrique, car la forme limite du microzyma est certainement la sphère.

Essayons de donner une idée de la quantité pondérable et mesurable de matière que contient un microzyma d'un certain ordre. Ceux dont je parle avaient en moyenne 0ᵐᵐ,0005 de diamètre ou un demi-millième de millimètre. Or, la forme apparente du microzyma étant la sphère, on a pour le volume d'un microzyma de cette espèce l'expression numérique :

$$\frac{1}{6}\,\pi D^3 = \frac{\pi\,(5)^3}{6\,.\,(10^4)^3} = 0^{\text{mᵐᵐ³}},00000000006544.$$

Et par suite dans un millimètre cube il y a :

$$\frac{1}{6544/10^{14}} = 15.281.100.000 \ \text{d'individus.}$$

Et comme leur densité est fort sensiblement la même que celle de l'eau, un microzyma pèse :

$$0^{\text{milligr}},00000000006544.$$

Et cette quantité de matière contient 80 p. °/₀ d'eau et des matières minérales. Quant à la matière albuminoïde qui s'y trouve, elle contient quatre cent cinquante atomes de corps simples!

Pardonnez-moi cette digression ; elle avait bien son intérêt et s'offrait d'elle-même, en dehors de toute hypothèse, comme exemple de l'extrême divisibilité de la matière.

Lorsque je me fus bien convaincu de la légitimité et de la réalité expérimentale de mon interprétation touchant la cause de l'activité de la craie comme ferment, je me suis souvenu de certaines expériences de M. Berthelot sur les fermentations qui m'avaient bien embarrassé et qui n'ont pas peu contribué à accroître mes hésitations. Vous allez en juger. En 1857, pendant que je réunissais les éléments de mon premier Mémoire sur la cause de la transformation de l'eau sucrée, M. Berthelot publiait son Mémoire sur la fermentation alcoolique (¹).

Dans ce grand travail. M. Berthelot étudiait l'action qu'exercent sur le glucose, sur le sucre de canne et sur diverses matières voisines des sucres, certaines substances animales azotées, telles que gélatine, blanc d'œuf, jaune d'œuf, fromage, tissu hépatique,

---

1 *Annales de Chimie et de Physique*, 3e série, t. L., p. 322.

rate, rein, etc., soit seules, soit en présence de la craie, de carbonates solubles et insolubles de diverses bases, etc. Le savant chimiste obtenait de l'alcool et divers autres produits sur lesquels il n'y a pas lieu d'insister. Bref, il y avait fermentation dans la plupart des circonstances dans lesquelles il plaçait la matière fermentescible. Dans quelques-unes de ses expériences, M. Berthelot voyait bien apparaitre de la levûre ou des infusoires, mais dans d'autres, il ne voyait rien, si ce n'est des granulations moléculaires. La conclusion générale à laquelle aboutit M. Berthelot est la suivante :

« L'influence des matières azotées tient à leur composition et non à leur forme, car on opère les mêmes changements avec les substances les plus diverses, et notamment avec la gélatine, composé artificiel dénué de toute structure organique proprement dite..... La cause de la fermentation parait résider dans la nature chimique des corps propres à jouer le rôle de ferment et dans les changements successifs qu'éprouve leur composition..... Le corps sucré et le corps azoté se décomposent en même temps, exerçant l'un sur l'autre une influence réciproque (1). »

Pour bien marquer l'état de la question, au moment même ou paraissait mon mémoire sur l'activité que j'attribuais aux moisissures et aux microzymas (que je nommais encore : *petits corps*) pour provoquer la transformation du sucre, je rapporterai encore l'expérience suivante de M. Berthelot, car elle est caractéristique. Pour démontrer que la structure, l'organisation, la forme, n'est pour rien dans les phénomènes de fermentation; que tout dépend de la nature chimique de la matière azotée qui est censée agir comme ferment, il emploie « une matière azotée artificielle et privée de toute structure organisée, la gélatine, et en opérant uniquement avec des liquides limpides et des substances solubles. »

Par exemple, ayant maintenu à une température convenable, une solution limpide renfermant de la gélatine, du glucose, du

<hr>

(1) *Annales de Chimie et de Physique*, 3ᵉ série. t. L. pp. 325 et 326.

bicarbonate de potasse et de l'eau, il se produisit, au bout de quelques semaines, un dégagement gazeux et une proportion considérable d'alcool. « En même temps, dit l'auteur, se forma un léger dépôt insoluble : ce dépôt n'est point formé par de la levûre de bière, mais par *une infinité de granulations moléculaires*, amorphes, beaucoup plus ténues que les globules de levûre et présentant un aspect tout différent. » Voici maintenant la conclusion qui est tirée de cette expérience par l'auteur lui-même :

« La présence du carbonate de chaux (*craie*) ou d'un bicarbonate alcalin facilite beaucoup le succès des expériences exécutées à l'abri du contact de l'air. Elle régularise la marche des phénomènes et elle augmente la proportion de l'alcool formé. Ces carbonates paraissent agir en maintenant la liqueur neutre, et en dirigeant dans un sens déterminé la décomposition du corps azoté qui provoque la fermentation (¹). »

Vous le voyez clairement, ce que M. Berthelot voulait faire admettre, c'est que la matière peut se transformer d'elle-même, dans certaines circonstances, sans l'intervention d'aucune influence étrangère et organisée, et douée de vie. Car, si le corps azoté et le corps sucré exercent l'un sur l'autre une influence réciproque, » l'un ou l'autre est le ferment de l'autre, c'est-à-dire qu'il n'y a plus de ferment; cependant M. Berthelot admet des substances qui sont des ferments spécifiques, même de celles qui sont organisées.

J'ai dit que les expériences de M. Berthelot m'ont d'abord embarrassé; en me rendant hésitant elles ont retardé la publication de mon travail sur la craie considérée comme contenant naturellement, au sein de la terre, des organismes actuellement vivants. Mais en revanche, dès que je me fus convaincu moi-même, je vis clairement le côté faible de l'argumentation de l'illustre savant. Oui, ces *granulations moléculaires* qu'il croyait amorphes et dont il négligeait l'influence, étaient la cause immé-

---

¹ BERTHELOT, *Chimie organique fondée sur la synthèse*, t. II, p. 625, extrait des *Mémoires de la Société de biologie*, pour l'année 1858.

diate des phénomènes qu'il observait. Je m'en suis directement
assuré, c'étaient des microzymas !

Mon attention ayant ainsi été éveillée sur la signification et
l'importance des granulations moléculaires des fermentations;
après avoir, par une série d'expériences que je peux à peine
signaler, constaté que de ces sortes de granulations existent dans
le vin, dans l'urine, dans tous les liquides naturels fermentes-
cibles avant le commencement de la fermentation, et que ces granulations moléculaires ont une activité analogue à celles des *petits
corps* de mes premières expériences et à celles des microzymas
de la craie, j'ai conclu qu'elles étaient de l'ordre des microzymas (1).

Alors, allant plus loin, je me suis demandé si les granulations
moléculaires, ou du moins certaines des granulations moléculaires (car toute granulation moléculaire des auteurs n'est pas
nécessairement un microzyma, et il ne faut pas faire synonymes
ces deux appellations), que tous les histologistes, que tous les
anatomopathologistes ont notées dans leurs descriptions; que les
histologistes et les embryologistes ont signalées comme précé-
dant l'apparition des cellules, et qu'ils décrivent souvent comme
apparaissant dans les cellules de certains centres organiques;
je me suis demandé, dis-je, si ces granulations ne seraient pas
elles-mêmes des microzymas!

Tel a été l'enchaînement des idées. Vous voyez que ça a été,
non point par esprit de système, mais comme déduction logique
d'expériences patiemment continuées, qu'on est arrivé des micro-

---

(1) Le fait de la présence des microzymas dans des liquides issus d'organismes vivants
a été communiqué à M. Dumas dans le courant du mois de décembre 1864; il y est fait
allusion dans une lettre que l'illustre savant a bien voulu faire insérer aux *Annales de
Chimie et de Physique* (octobre 1865); en voici les termes tels que je les ai reproduits
dans le mémoire sur la craie :

« La craie et le lait contiennent des êtres vivants déjà développés, fait qui, observé en
lui-même, est prouvé par cet autre fait, que la créosote employée à dose non coagulante
n'empêche pas le lait de se cailler plus tard, ni la craie de transformer, sans secours étran-
gers, le sucre et la fécule en alcool, acide acétique, acide lactique et acide butyrique. »

C'est dans le mémoire sur la craie que le mot *microzyma* a d'abord été officiellement
employé.

zymas de la craie, aux microzymas des fermentations et enfin aux microzymas des organismes vivants. Et nous sommes en plein dans notre sujet.

Avec la craie, nous étions dans le passé le plus lointain des âges géologiques; avec les microzymas des organismes actuels, nous sommes dans le monde présent. Nous verrons s'il y a quelque lien analogique entre les microzymas de l'époque crétacée, et les microzymas de l'époque où nous vivons; entre ceux des animaux que nous avons sous les yeux et ceux des animaux paléontologiques.

Mon premier collaborateur dans ce nouvel ordre de recherches a été un de mes collègues de Montpellier, M. le professeur Estor. Nous nous sommes proposé de démontrer, d'abord, que les granulations moléculaires que le microscope révèle dans le tissu et dans les cellules du foie des animaux supérieurs, sont identiques de nature, si ce n'est de fonction, aux microzymas de la craie et des fermentations. On constate aisément qu'ils sont morphologiquement semblables et de même grandeur. Ils sont faciles à isoler.

Prenez le foie d'un animal quelconque; faites passer un courant d'eau créosotée dans ses vaisseaux, c'est-à-dire hydrotomisez-le pour lui enlever tout le sang qu'il a retenu. Alors raclez-le délicatement avec un couteau de façon à le déchirer et à le réduire en une pulpe molle. Délayez celle-ci dans beaucoup d'eau et filtrez à travers un tamis serré, puis à travers un linge fin : les parties grossières, le tissu conjonctif, les débris de vaisseaux, seront retenus.

Dans l'eau, il y aura, en suspension, une fine poussière que le microscope nous montrera comme formée de cellules du foie, de noyaux de ces cellules et de microzymas. Laissez déposer les parties grossières contenant quelques débris de tissu et des cellules. Il arrivera un moment où le liquide surnageant ne contiendra plus que des granulations moléculaires, c'est-à-dire des microzymas et de la graisse très-divisée. Laissez-les se déposer à leur tour, en ayant soin de créosoter l'eau pour empêcher une fermentation de s'établir. Alors recueillez-les sur un filtre et lavez-les à l'eau créosotée. Dans cet état, et en masse, ils ont sensiblement l'aspect de la levûre de bière.

Si, avant tout autre traitement, vous les délayez dans de l'empois de fécule créosoté, vous trouverez que cet empois est assez rapidement fluidifié et transformé en fécule soluble et en dextrine. Si le contact se prolonge, une véritable fermentation s'établit. L'action est plus rapide à la température de 36 à 40 degrés.

Introduits avec du carbonate de chaux et de la syntonine purs (comme il a été dit de la craie), dans de l'alcool très-étendu d'eau, il se forme peu à peu de l'acide caproïque. L'action est plus rapide si, au lieu de les laver, on les emploie tels quels avec la pulpe du foie. Et l'acide caproïque obtenu, cela va sans dire, est identique avec celui qui se forme avec les microzymas de la craie.

Pour l'analyse il est nécessaire de les débarrasser de la graisse du foie qui y adhère; il suffit, pour cela, de les traiter, pendant qu'ils sont encore humides, par de l'éther, puis par l'alcool et encore par l'éther.

Mis alors sous une cloche au-dessus de l'acide sulfurique, l'éther disparaît et ils restent sous la forme de masses peu colorées, friables et tendres. C'est dans cet état qu'on les a analysés après les avoir séchés à 130-140 degrés.

Les microzymas de foie de mouton, hydrotomisé avec de l'eau ordinaire, contiennent 3,02 pour cent de cendres. Ces cendres ne sont pas alcalines.

L'analyse élémentaire, cendres déduites, a donné pour la composition de leur matière organique :

Carbone.	53,8
Hydrogène.	7,6
Azote.	16,2
Oxygène.	22,4
	100,0

La composition de leur matière organique est donc sensiblement la même que celle de l'albumine. C'est de cette matière

qu'il s'agissait dans ce que j'ai dit du volume de certains microzymas.

Il y a des microzymas de différentes espèces. Voici un **exemple**
remarquable de microzymas spéciaux qui nous intéressent d'une
façon toute particulière.

Il y a déjà longtemps, Leuchs découvrit que la salive possède
la très-remarquable propriété, non-seulement de fluidifier l'empois, mais de le saccharifier presque instantanément. Longet, le
célèbre physiologiste, avait démontré que cette propriété de la
salive buccale était non-seulement réelle, mais particulière à
cette salive, dans la bouche de ceux qui aiment la propreté,
comme chez les autres. Mialhe avait établi que cette activité
était due à un principe chimique qu'il a appelé diastase salivaire
et que je nomme sialozymase. M. Claude Bernard ayant constaté
que la salive retirée de la glande parotide ne possède pas la même
aptitude, ni la salive de la glande sous-maxillaire non plus, avait
admis que la grande activité constatée était le résultat d'une altération que subiraient ces salives dans la bouche.

C'est un fait que le liquide qui s'écoule, par une fistule artificielle, de la glande parotide, fluidifie l'empois, sans le saccharifier. Cette salive peut-elle spontanément s'altérer dans la bouche,
ou bien y a-t-il dans la cavité buccale quelque agent qui lui com-
munique la propriété saccharifiante en engendrant la sialozymase?
Voilà ce qu'il fallait rechercher. C'est ce que nous avons fait,
MM. Estor, Saintpierre et moi.

Lorsqu'on examine la salive au microscope, on y découvre des
productions organisées qu'on a appelées leptothrix, bactéries;
mais il y a aussi une infinité de granulations moléculaires que
Leuwenhoeck avait déjà aperçues. Leur rôle n'est-il pour rien
dans les phénomènes que je vous ai signalés? Ou bien sont-ils, en
vertu de la théorie du microzyma, les agents de l'activité de la
salive? Voici comment le problème a été résolu.

Sur un filtre a été recueilli tout ce qu'il y a d'insoluble dans
la salive et ce qui adhère aux dents. Cela a été lavé à l'eau, sur
le filtre jusqu'à ce que l'eau de lavage ne saccharifiât plus l'empois d'amidon. Les produits insolubles et lavés (contenant quel-

ques cellules d'épithélium, quelques bactéries et une foule de microzymas) ont été détachés du filtre et mis dans de nouvel empois : bientôt celui-ci a été fluidifié et saccharifié. Les organismes buccaux possèdent donc la faculté que possède la salive buccale.

Pour savoir s'ils sont capables de la communiquer à la salive parotidienne, nous nous sommes procuré de cette sorte de salive par une fistule pratiquée à la parotide d'un cheval. Après avoir constaté que cette salive, bien filtrée, ne saccharifiait pas la fécule dans l'empois, on l'a mise en contact avec les microzymas buccaux. Après quelques heures de contact, souvent seulement d'une minute, cette salive ainsi traitée, bien filtrée, fluidifiait et saccharifiait très-aisément l'empois.

Il n'y a pas de doute, ce n'est point par putréfaction, c'est grâce à l'activité physiologique et chimique d'organismes vivants que la salive finit par acquérir la propriété saccharifiante.

Et remarquez que les microzymas buccaux sont plus actifs que ceux du foie.

Si, au lieu du foie, vous prenez une autre glande, le pancréas, vous pouvez aussi en isoler les microzymas ; et les mycrozymas pancréatiques possèdent sensiblement l'activité des microzymas buccaux : ils saccharifient l'empois, ce que ne font point ceux du foie.

On peut donc soutenir que les microzymas, morphologiquement identiques, sont fonctionnellement différents dans les différents centres organiques d'un même être.

Nous verrons plus loin une autre preuve que les microzymas sont des organismes vivants.

Voici une autre face de la même question. M. Joseph Béchamp s'est demandé si les microzymas aux différents âges de différents êtres ne seraient pas aussi doués de propriétés différentes. Je ne peux pas même vous donner un résumé des nombreuses expériences qu'il a faites ; mais je rapporterai trois exemples caractéristiques :

Les microzymas du foie sont trouvés d'autant moins actifs que le sujet est plus jeune. Le foie lui-même ne transforme la fécule en glucose que le septième mois de la gestation chez le fœtus (animal ou humain).

L'activité des microzymas du pancréas, nulle dans les premiers mois de la vie fœtale, apparait seulement vers le septième mois de la gestation.

J'appelle votre attention sur l'expérience suivante, car elle est bien significative. On a pris les microzymas au cerveau de fœtus et d'adulte, même espèce animale. Leur action sur l'empois est nulle pour le cerveau d'adulte, énergique pour le cerveau de fœtus.

Ainsi donc il y a une différence d'action non-seulement pour les microzymas dans les différents centres organiques, mais dans les microzymas des mêmes centres aux différents âges d'un même être. Il y a donc des microzymas jeunes, des mycrozymas adultes et des microzymas vieux dans un même individu.

Les végétaux, ceci est un point important, diffèrent des animaux, en ce qu'ils sont les appareils de synthèse de la matière organique : les animaux des appareils d'analyse. Les végétaux ont des microzymas comme les animaux. De plus, les microzymas des différentes parties d'un même végétal ne sont pas doués de la même activité; en général les microzymas des végétaux (il faut faire exception pour les microzymas de la graine) sont incapables d'agir chimiquement comme les microzymas animaux. Il y a quelque chose de plus, c'est que les microzymas des roches où existent surtout des débris de feuilles, n'ont pas les mêmes propriétés ou énergies que les microzymas crétacés.

Il existe aux environs de Montpellier une vaste région recouverte d'un tuf calcaire particulier : c'est le tuf de Castelnau. Parmi les débris géologiques de ce tuf on trouve des feuilles d'olivier et d'autres plantes, mais pas de débris d'animaux. Ce tuf est directement en contact avec l'atmosphère. Eh ! bien, en mettant de ce tuf pulvérisé avec de l'empois d'amidon créosoté, dans les mêmes conditions que la craie des carrières de Sens, voici ce qui arrive : tandis qu'à la température de 40°, la craie fluidifie rapidement l'empois et le fait fermenter avec dégagement d'acide carbonique et d'hydrogène, l'empois ne semble pas se fluidifier avec le calcaire du tuf, bien que le microscope y révèle des microzymas semblables pour la forme et le volume; après deux mois on n'y constate aucun phénomène de fermentation. L'action n'est pourtant pas absolument nulle, il se forme des traces d'acides volatils. Mais si on considère ce qui se passe dans l'intervalle de quelques jours, on peut conclure à la nullité d'action.

Cette expérience est importante à un autre point de vue. J'ai dit quelles précautions j'avais prises pour annuler ou empêcher l'intervention des germes de l'air. Ces précautions ne sont pas inutiles et voici ce qui le prouve. J'ai préparé de l'empois et pendant qu'il était bouillant j'y ai introduit du carbonate de chaux pur. L'appareil, aussitôt scellé, est abandonné à lui-même; après des mois et des années l'empois reste dans le même état. Mais si on laisse la préparation au contact libre de l'air, l'empois se fluidifie peu à peu et une véritable fermentation s'établit, semblable à celle que provoque la craie de Sens.

Il n'est donc pas douteux que l'air contient vraiment les agents de la fluidification, et ces agents, nous le verrons plus tard, sont encore des microzymas. Mais il est visible que les microzymas de l'air ne sont pas les mêmes que ceux du tuf de Castelnau et qu'ils se rapprochent, par leur fonction, de ceux de la craie.

En résumé, il y a des microzymas de fonctions diverses, non-seulement dans les êtres du moment présent, mais aussi dans les roches. Les uns sont doués d'une grande activité, les autres sont peu actifs; bien entendu si l'on considère leur action s'exerçant sur la même matière; car si l'on cherchait bien, on trouverait des microzymas qui, sans action sur la fécule, agiraient énergiquement sur une gelée de gélatine, par exemple.

Nous avons supposé jusqu'ici que les microzymas sont des êtres vivants. Vous vous êtes peut-être demandé si leur action chimique ne pourrait pas être expliquée sans les supposer vivants; et les expériences de M. Berthelot que j'ai rapportées vous autoriseraient à l'affirmer. Ce savant chimiste expliquait tous les phénomènes de fermentation sans considérer ni la structure, ni la vitalité du ferment. Pour les savants qui ont cette manière de voir, il ne suffit donc pas d'avoir démontré que les microzymas sont des ferments pour affirmer qu'ils sont organisés et vivants. J'aurais beaucoup à dire sur ce sujet, mais il faut se borner; je dirai seulement que certains chimistes, si ce n'est tous, considèrent comme ferments, et au même point de vue, la *diastase* et la *levûre de bière*, bien que celle-là soit une matière soluble et celle-ci insoluble; celle-là évidemment dépourvue de structure et celle-ci organisée. Il y a longtemps que j'ai évité cette confusion en donnant le nom générique de *zymases* à ce que l'on appelle ferments solubles.

Les zymases, loin d'être des ferments, sont des agents chimiques qui peuvent être suppléés par d'autres agents purement chimiques, tels que l'acide sulfurique, par exemple, ou la potasse, ou le chlorure de zinc, etc., que personne ne s'avise d'appeler des ferments. Je n'ajoute plus qu'une seule observation, c'est que les zymases sont toujours produites par des êtres organisés et que, de même que dans la salive l'activité vient des organismes buccaux, toutes les zymases sont le produit d'actions analogues. Les moisissures, la levûre de bière, les microzymas contiennent dans leur tissu une zymase actuellement existante et c'est à cause de cette préexistence que ces êtres opèrent certaines transformations que l'on confond à tort avec les fermentations.

Quelle autre preuve capable d'entraîner tous les suffrages vous donnerai-je que les microzymas sont organisés et vivants? Celle que j'ai donnée dès le commencement de mes recherches sur les microzymas des animaux actuels! La caractéristique chimique et physiologique de la vie matérielle, c'est l'aptitude à se nourrir d'abord, à s'accroître si c'est possible et à se multiplier ensuite. Tel est le genre de démonstration qui achève de prouver que les microzymas sont des êtres vivants, comme tous ceux que nous regardons comme tels.

Ils se nourrissent. Se nourrir, c'est absorber, consommer de la matière pour la rendre transformée au milieu ambiant. L'être vivant est souvent forcé de transformer la matière alimentaire avant de l'absorber pour l'assimiler et la transformer plus profondément. Quand certains microzymas commencent par fluidifier l'empois, par intervertir le sucre de canne, c'est que sans cette transformation préalable ils n'auraient pas pu absorber ces matières. La preuve qu'ils s'en nourrissent ensuite, c'est qu'ils rendent cette fécule, ce sucre, au milieu ambiant sous la forme d'alcool et des acides que j'ai nommés. Une autre preuve qu'ils se nourrissent, c'est qu'ils se multiplient. Quand j'introduis dans mes appareils un certain poids déterminé de microzymas, avec un mélange fermentescible convenable, j'en retire souvent quinze et vingt fois davantage dans l'espace de quelques semaines. Donc les microzymas sont vivants, car ils se nourrissent et se multiplient.

Ce n'est pas tout; les microzymas sont vivants encore à un autre point de vue. Et ceci est un fait considérable dont je réclame la propriété comme une des conséquences les plus importantes de la théorie du microzyma. Je fais appel à l'attention des physiologistes et je dis que rien d'aussi notable n'a été découvert en physiologie depuis Haller.

Dans les études sur les générations spontanées qui ont été publiées dans ces dernières années, vous verrez apparaitre les noms de vibrions, de bactéries, de bactéridies. Selon les uns, ces infusoires sont le résultat de la génération spontanée; selon les autres ils sont le fruit de l'évolution des germes de l'air. Les chirurgiens soutiennent même que dans les plaies ce sont ces germes atmosphériques qui engendrent les bactéries et les complications qui en sont la suite.

Mais ces germes on ne les connait pas, personne ne les a montrés. Écoutez M. Broca, un savant considérable dans cette question, car il est médecin, chirurgien et naturaliste partisan de l'hétérogénie. C'est lui qui a dit qu'avant de se prononcer, il attendrait qu'on lui montrât les *germes d'un grand nombre d'êtres dont l'origine est jusqu'ici tout à fait inconnue.*

J'ai dit que les microzymas sont à la racine de tous les êtres. Ils sont d'abord les germes des bactéries, des vibrions et des bactéridies. Lorsque l'on suit attentivement ce qui se passe dans un milieu où des bactéries doivent apparaitre, on n'y voit d'abord que des microzymas. Ces microzymas évoluent ensuite et apparaissent avec des particularités de forme spéciales pour devenir vibrions ou bactéries, ou bactéridies. Or, si l'on prend un liquide putrescible limpide et qu'on l'expose à l'air, ce sont ces mêmes microzymas qu'on observe d'abord : il y a donc des microzymas dans l'atmosphère ; parmi les formes organisées il n'y a même naturellement que cela, les spores et autres formes organisées, ne sont que l'accident.

Dans les expériences que nous avons tentées, mes collaborateurs et moi, nous nous sommes toujours préoccupés de ces microzymas atmosphériques comme pouvant masquer ce qui était particulier aux microzymas que nous étudiions. Eh ! bien, il est résulté de ces recherches que les microzymas des organismes les plus plus divers sont susceptibles, dans des conditions déterminées, à évoluer en bactéries, en passant par les phases que nous avons décrites.

Il y a cependant des différences considérables entre les microzymas de certains centres organiques suivant l'âge. Cette observation importante est de M. J. Béchamp. L'observateur, se plaçant dans les mêmes conditions, prend de la matière cérébrale d'adulte et de fœtus ; il les introduit au même moment, dans la même matière, contenue dans des appareils différents (c'était de l'empois) et il attend. Dans l'appareil où se trouvait le cerveau de fœtus, les microzymas ont donné des bactéries en foule, au point que l'on ne voyait presque plus de microzymas ; dans l'appareil contenant la matière cérébrale d'adulte les bactéries n'ont pas apparu : les microzymas n'ont pas changé de forme.

Je pourrais citer un grand nombre d'autres exemples. En voici deux qui sont significatifs.

On défibrine soigneusement du sang. Le sang défibriné est mis avec de l'empois créosoté. La fibrine lavée est aussi mise dans une autre masse du même empois. Les deux expériences préparées dans les mêmes conditions, sont toutes les deux mises dans la même étuve. Dans l'appareil qui contient le sang, l'empois est à peine fluidifié et les bactéries n'y apparaissent point. Dans celui qui contient la fibrine les bactéries apparaissent en foule et l'empois se fluidifie pour entrer bientôt en fermentation. Il m'est arrivé de conserver ainsi pendant des mois du sang dans l'empois, sans que ses globules s'altérassent; bien mieux, c'est un moyen excellent de mettre en évidence un fait nouveau, c'est que les globules du sang, à l'encontre de l'opinion de la plupart des histologistes, sont de véritables cellules ayant une enveloppe propre. Du reste, il est possible d'isoler les microzymas de la fibrine et de se faire ainsi une idée de la véritable constitution de cette matière.

Le second exemple que j'ai en vue concerne les microzymas du jaune d'œuf. Les microzymas de cette origine, aisés à isoler, fluidifient l'empois sans évoluer en bactéries; il est très-rare, du moins, d'en voir apparaître.

Et il en est des microzymas des végétaux comme de ceux des animaux.

Sans doute il est plus difficile de constater l'activité chimique des microzymas de certaines parties des végétaux. Mais par contre il est très-facile de les faire évoluer en bactéries. Voici comment, sans le chercher d'abord, je découvris cette propriété des microzymas des végétaux. C'était pendant l'hiver de 1870; le froid était très-rigoureux à Montpellier. Beaucoup de cactus de mon jardin et du jardin des plantes de la Faculté de médecine avaient gelé. Je m'avisai de faire dégeler ces cactus dans l'étuve de mon laboratoire pour examiner au microscope ce que leurs microzymas étaient devenus. Il se trouva qu'ils avaient disparu et qu'à leur place il n'y avait plus qu'une infinité de petites bactéries extrèmement mobiles. Et il se trouva aussi qu'il y avait dans plusieurs de ces cactus des parties qui n'avaient pas gelé; là, tout à côté de la région à bactéries, il n'y avait que des microzymas absolument intacts, avec leur forme, leur grandeur et leur aspect ordinaire. Or, ceux qui voudraient attribuer l'origine de ces bactéries aux germes de l'air, devront être bien embarrassés, car on sait que l'épiderme de ce que l'on appelle, vulgairement, les feuilles dans les cactus est épais et résistant comme une carapace; il faudrait qu'ils soutinssent que les germes atmosphériques ont traversé cette carapace pendant la période de gelée! J'ai examiné un grand nombre de feuilles d'espèces diverses de végétaux après la gelée : toujours les bactéries apparaissent dans les parties dégelées et sont absentes dans les parties contiguës qui n'ont pas été gelées. M. J. Béchamp a fait artificiellement geler des parties de végétaux dans un mélange de glace et de sel; puis dégeler à l'étuve; toujours les bactéries ont apparu à la place des microzymas.

Les microzymas des végétaux ont donc le caractère le plus tranché des microzymas animaux : ils sont capables d'évoluer en bactéries.

J'ajoute une dernière démonstration : elle est topique pour démontrer que la bactérie est bien la fille du microzyma, ou le fruit de son évolution. — La démonstration que j'ai en vue répond à la proposition suivante :

La bactérie et le microzyma dont elle est fille possèdent la même activité chimique.

Les microzymas du foie sont capables de fluidifier l'empois sans le saccharifier. Les bactéries qui en proviennent fluidifient également l'empois sans le saccharifier.

Les microzymas buccaux abandonnés dans l'empois y évoluent facilement en bactéries. Je sépare ces bactéries et je les lave bien complétement sur le filtre pour les introduire sans du nouvel empois créosoté : l'empois est rapidement fluidifié et saccharifié.

Vous le voyez, la proposition est démontrée. Et c'est là un fait très-général que nous énoncerons ainsi :

Les bactéries possèdent la fonction des microzymas qui les ont engendrées.

Or, il n'en serait pas ainsi, si, dans les deux expériences, ces bactéries provenaient des microzymas atmosphériques, comme le veulent ceux des savants qui invoquent les germes atmosphériques pour expliquer l'apparition des bactéries dans mes expériences.

J'aborde maintenant le côté le plus intéressant et le plus grave à la fois de cette étude. Vous venez de le voir, les microzymas se trouvent dans tous les tissus ; dans l'œuf à une certaine période de son évolution, il n'y a que des microzymas au milieu d'une masse de matière sans structure. Et les histologistes comme les anatomopathologistes savent très-bien que les granulations moléculaires, essentiellement les microzymas, augmentent énormément quelque temps après la mort, si bien que dans certains cas les cellules de l'organisme disparaissent absolument.

Quel est donc le rôle des microzymas dans l'organisation?

Vous voyez que la question est d'une gravité exceptionnelle! Elle est telle que je n'y touche jamais sans une certaine inquiétude. Pourtant, quelques expériences, faites avec tout le soin que comporte le sujet, me portent à affirmer que le microzyma est le commencement de toute organisation vivante; et nous verrons qu'il en est aussi la fin.

Les microzymas, qui sont capables d'engendrer des bactéries, sont aussi *facteurs de cellules*. Voici deux faits qui le prouvent suffisamment.

Tout le monde connaît cette production membraneuse qui se dépose au fond des tonneaux de vinaigre : c'est ce que l'on nomme vulgairement la mère de vinaigre. Les botanistes et les mycologistes ont beaucoup écrit sur cette matière et lui ont donné plusieurs noms, répondant aux idées qu'ils s'en étaient formées. Lorsque, pendant qu'elle est de formation récente, on l'examine au microscope, elle apparaît comme une membrane finement granuleuse. Si on la racle doucement avec un scalpel sur le porte-objet du microscope, des quantités énormes de microzymas s'en séparent. Bref, elle apparaît comme une membrane tissée de microzymas enfermés dans une gangue hyaline. Mise dans le sucre de canne avec une quantité convenable d'eau, elle opère très-lentement une fermentation d'où résulte de l'alcool et de l'acide acétique. Dans cette circonstance elle conserve sa structure et son aspect.

Je me suis demandé ce qui arriverait si l'on ajoutait à la solution sucrée quelque matière plastique et des matières minérales, c'est-à-dire si l'on fournissait une alimentation plus complète à ses microzymas. J'ai donc préparé du bouillon de viande, ou une infusion de levûre de bière faite à l'ébullition, créosotés et bien filtrés. Dans ce bouillon j'ai dissous du sucre et j'ai ajouté de la mère de vinaigre. Le mélange mis dans un appareil à fermentation, à la température de 25 degrés, n'a pas tardé à dégager de l'acide carbonique pur; tout le sucre a fini par disparaitre et a été remplacé par de l'alcool et un peu d'acide acétique, comme dans une fermentation alcoolique normale. Quant à la mère de vinaigre, elle s'était presque entièrement transformée en belles cellules, semblables à celles de la levûre de bière, mais un peu différentes de forme. Les choses se sont passées comme si un groupe de microzymas dans la membrane s'était entouré d'une enveloppe pour constituer une cellule. Quelle que soit l'explication, il n'en reste pas moins que dans le lieu où il y avait des microzymas, il n'y avait plus, à un moment donné, que des cellules et que, corrélativement le sucre s'était transformé comme dans une fermentation alcoolique par la levûre de bière.

Changeons maintenant les conditions. Au lieu de sucre dans du bouillon, prenons de l'empois de fécule fait avec ce bouillon et ajoutons du carbonate de chaux pur, le tout convenablement créosoté. La mère de vinaigre mise dans ce nouveau milieu, dans un appareil muni d'un tube de dégagement, ne tardera pas à provoquer une réaction d'où résultera une production d'acide carbonique et d'hydrogène. La fécule disparaîtra en grande partie et l'on trouvera qu'il s'est fait une fermentation butyrique. La mère de vinaigre, au lieu de faire des cellules, aura fait des bactéries; tous les microzymas auront disparu pour être remplacés par ces bactéries.

Ainsi, selon que les microzymas forment des cellules ou deviennent bactéries, la fermentation qu'ils provoquent est alcoolique ou butyrique.

La matière ferment était la même : contrairement à l'opinion de M. Berthelot, ce n'est donc pas la composition du ferment, mais sa forme, qui décide de la fonction.

Cette expérience a suggéré la suivante. Je me suis dit : voilà que des microzymas engendrent des cellules dans une circonstance donnée; ils y deviennent facteurs de cellules! Pourquoi ne trouverait-on pas un milieu, une autre condition où une cellule reviendrait au microzyma ?

Je viens de vous montrer que les microzymas de la mère de vinaigre placés dans l'empois de fécule avec du carbonate de chaux avaient produit des bactéries. D'autre part, je savais, comme tout le monde, que la levûre de bière ne fait pas subir la fermentation alcoolique à la fécule. L'action pourtant n'est pas nulle, car la fécule est fluidifiée par la zymase que contient la levûre. J'ai donc délayé de la levûre de bière dans de l'empois de fécule. Bientôt, l'empois étant fluidifié, la levûre se trouva dans une solution de fécule soluble. Peu à peu les globules de cette levûre ont pâli, sont devenus granuleux, puis ont fini par disparaître complétement : à leur place il y avait des microzymas et des vibrions ou des bactéries produits de leur évolution. La même chose arrive à la levûre abandonnée à elle-même, dans de l'eau que l'on renouvelle; elle disparaît ne laissant que des microzymas et des bactéries. Enfin, si, lorsqu'elle a disparu ainsi, on ajoute du carbonate de chaux pur au mélange d'empois fluidifié et de microzymas et bactéries, il s'établit bientôt un dégagement d'acide carbonique et d'hydrogène; la fermentation est une fermentation butyrique : nouvelle preuve que c'est la forme et non la nature de la matière qui détermine la fonction.

Quelle est l'explication de ce fait de la régression des cellules en microzymas? La voici : un animal que l'on ne nourrit pas, ou qu'on nourrit d'un seul et même aliment, consomme sa propre substance.

Les médecins comprendront cela en se souvenant des expériences de Chaussat sur les animaux soumis au régime de l'inanition ou de l'alimentation insuffisante. Il en est de même de la levûre : ses propres microzymas la dévorent, et à la fin, ils restent libres, seuls, prêts à évoluer en vibrions et bactéries.

Voilà une expérience qui est exactement le contre-pied de celles où la mère de vinaigre a formé des cellules. Celles de la levûre revenues au microzyma ont formé des bactéries et cette levûre, qui faisait de l'alcool, fait maintenant de l'acide butyrique.

Elle m'en a suggéré une autre qui, sans la théorie du microzyma, serait téméraire et qui est grosse de conséquences. Dans un

milieu chrétien comme le nôtre elle sera comprise et les conséquences n'en seront pas exagérées. Elle illumine plus d'un grave
problème touchant la génération.

Je me suis proposé de détruire les cellules de levûre par le
broiement. Les microzymas sont si petits, me disais-je, qu'ils ne
seront pas atteints, et je les mettrai en liberté pour les étudier à
part. J'ai donc broyé des cellules de levûre avec une mollette de
verre sur un plan de verre dépoli. Mais l'enveloppe de ces cellules étant trop résistante, il a fallu, pour les déchirer, ajouter du
carbonate de chaux pur. Il faut quelques heures de broiement
continu pour détruire toutes les cellules. On finit enfin par les
réduire en fines granulations moléculaires qui ont les caractères
morphologiques des microzymas d'origine quelconque.

Ces microzymas représentaient, dans ma pensée, ceux qui pri-
mitivement avaient servi à édifier les cellules de levûre et je me
suis proposé de refaire la levûre avec eux.

Je me suis dit que si je les mettais dans les mêmes conditions
que les microzymas de la mère de vinaigre, j'atteindrais le même
but. C'est ce qui est arrivé. Les microzymas du broiement ont donc
été placés dans du bouillon de levûre sucré. Bientôt, moins de
vingt-quatre heures après, à la température de 25 degrés, la fermentation alcoolique était en train; il se dégageait de l'acide carbonique pur; les cellules de levûre se reconstituaient, les microzymas disparaissaient à mesure; à la fin j'ai obtenu les produits
de la fermentation alcoolique, le sucre avait disparu.

Ai-je besoin d'ajouter que des expériences témoins me prou-
vaient que les germes de l'air, ou des cellules échappées au
broiement, n'étaient pour rien dans le phénomène observé (¹)?

Mais, autre fait interressant : si on place les microzymas de la
levûre broyée dans de l'empois de fécule, ils évoluent en bactéries; il se dégage de l'hydrogène avec l'acide carbonique et la
fermentation est butyrique.

Encore une fois, ce n'est pas la composition chimique, c'est la

<hr>

¹ Voir, pour les détails, le mémoire inséré dans les *Annales de chimie et de physique*, 4e série, t. XXIII, p. 443 1871

structure du ferment qui décide de sa fonction. Et ne soyez pas étonné si j'insiste avec tant de force sur ce point. Il y a tant de gens qui veulent faire croire à la vie de la matière sans structure, qu'il faut de toute nécessité faire repousser cette monstrueuse croyance. D'ailleurs, ne sait-on pas que plus une erreur a une haute origine, plus elle est difficile à déraciner?

Nous pouvons donc soutenir, de par l'expérience, que les microzymas sont facteurs de cellules. Ces expériences sont publiées depuis cinq ou six ans. Il y a des personnes intéressées à les nier. Elles ne l'ont pas fait jusqu'ici; elles se bornent à faire le silence tout autour, avant de se les attribuer.

Une fois ce fait constaté d'une façon aussi nette, j'ai fini par convaincre un anatomiste et histologiste de la réalité de la théorie qui découle de ces expériences, à savoir: les microzymas étant facteurs de cellules, n'est-il pas probable qu'en général tout organisme quelconque est le produit de l'activité fonctionnelle, chimique, physiologique et histologique des microzymas?

Nous avons étudié, M. Estor et moi, ce qui se passe pendant l'incubation et pendant les premiers développements du poulet dans l'œuf. Je passe sur les détails des observations pour dire seulement ceci: Le jaune de l'œuf, à un certain moment, n'est formé, sauf la vésicule germinative, que par une foule innombrable de granulations moléculaires, c'est-à-dire de microzymas au sein d'une masse complexe et diaphane. Au moment de l'incubation, les grosses cellules vitellines, qu'on aperçoit dans certains moments dans le jaune, disparaissent. Si on examine toutes les douze heures ce que devient l'embryon, on voit que tous les systèmes organiques sont représentés par des traînées et des groupes de microzymas; les cellules du sang sont d'abord des amas de ces granulations. On assiste de la même manière au développement du système nerveux et des cellules nerveuses. Dans cette masse de matière granuleuse, selon les lois imposées par Dieu, il s'établit des traînées régulières; on voit d'une façon vague les vaisseaux se constituer et, dans ces vaisseaux embryonnaires, se former les agglomérations granuleuses, qui seront les globules du sang. Ensuite, et peu à peu, ces formes se limitent par une enveloppe et le globule sanguin se trouve formé suivant un mode semblable à celui qui donne naissance aux cellules qu'engendre la mère du vinaigre dans un milieu convenable.

Je n'ai pas le temps de développer davantage ce sujet, qui, à lui seul, exigerait plus de temps que vous ne pouvez m'en accorder. Mais, d'après ce que je viens de vous en dire, il est facile de voir que ma conviction va vers l'affirmation que les microzymas sont, *ab ovo*, les facteurs de tous les tissus d'un organisme compliqué, comme ils sont les facteurs des cellules.

Inversement, demandons-nous maintenant ce qui doit arriver quand un organisme animal se détruit après la mort, pour se réduire en poussière. Oui, comment s'opère cette destruction ? La première forme de l'organisation qui disparaît, c'est la cellule, les épithéliums. J'invoque ici l'autorité de tous ceux qui ont fait de l'histologie ! Ne savent-ils pas que si l'on veut avoir une notion exacte des formes élémentaires des tissus, il faut se dépêcher d'en faire les coupes après les avoir convenablement préparés ? Quelques jours après la mort du sujet il n'y a plus de cellules ; il n'y a plus, à leur place que des granulations moléculaires. Il y a régression de la cellule aux microzymas générateurs.

Pendant la vie il y a échange de matériaux : les uns arrivent par les aliments, les autres s'en vont par les émonctoires naturels. Après la mort cet échange n'a plus lieu ; dès lors les cellules, forcées de vivre dans le milieu nouveau qui se constitue peu à peu, sont dans une situation anormale, semblable à celle de la levûre de bière que l'on force de vivre dans l'empois de fécule : elles se dévorent elles-mêmes, leurs microzymas se nourrissent de leur substance, et à la fin, ces microzymas multipliés ayant tout dévoré se trouvent seuls en présence des autres matériaux de l'animal ; ils s'en prennent alors à ceux-ci et les consomment à leur tour. Si bien qu'à la fin il ne reste plus que des microzymas. Vous voyez maintenant ce que je veux dire quand j'affirme que les microzymas sont au commencement et à la fin de toute organisation.

Mais il faut vous en donner une démonstration sans réplique. Cela me permettra de vous donner en même temps l'explication de l'origine des microzymas de la craie et des roches dont je vous ai parlé, ainsi que de celle des prétendus germes de l'air.

Si ce que je viens de vous dire est vrai, cela a dû arriver autrefois comme aujourd'hui. Ehrenberg a décrit les animaux microscopiques dont les restes fossiles se retrouvent dans la craie. Les microzymas de la craie sont peut-être ceux de ces animaux-là. Et il en est de même de tous les autres calcaires : leurs microzymas sont ceux de la faune qui y a été ensevelie. Quoi d'étonnant, s'ils ont résisté à une complète destruction, de les retrouver doués de l'activité que nous constatons aujourd'hui? Nous ne pouvons pas faire de la craie, car nous n'avons pas les siècles à notre disposition. J'ai essayé pourtant de faire ce que les années permettent de réaliser. Voici comment je m'y suis pris :

Au commencement de l'année 1868, peu de temps après l'époque où je développais les premiers linéaments de cette théorie, j'ai enterré un petit chat dans une masse de carbonate de chaux pur. L'expérience a été préparée comme ceci. On a pris un grand vase de verre bien propre. Au fond de ce vase on a mis une épaisse couche de carbonate de chaux pur, créosoté, ne laissant rien apercevoir, au microscrope, d'étranger au carbonate et, de plus, ne laissant absolument rien d'insoluble après sa dissolution dans l'acide chlorhydrique étendu. Le cadavre du petit chat a été couché sur ce lit, et recouvert ensuite d'une couche du même carbonate de chaux, en notant l'épaisseur de cette couche. Enfin, une nouvelle couche de carbonate de chaux, de la même masse, a recouvert le tout. L'épaisseur de cette dernière couche a été également notée. L'appareil, recouvert de plusieurs feuilles de papier, destinées a arrêter les poussières sans empécher l'accès de l'air, a été abandonné à lui-même sous le climat de Montpellier.

Sept années après l'appareil a été ouvert. La couche protectrice de carbonate de chaux de la surface a été enlevée; au microscope on n'y trouve rien que les parties du carbonate de chaux; celui-ci, d'ailleurs, est intégralement soluble dans l'acide chlorhydrique, sans trace de résidu insoluble, comme avant le commencement de l'expérience. Les germes atmosphériques n'avaient donc pas pénétré dans cette première couche ; à plus forte raison, pas non plus dans les suivantes.

Les premières portions de la couche qui recouvrait le petit chat, ne contenaient rien non plus. Mais à mesure qu'on approchait des restes de l'animal, les granulations moléculaires se présentaient dans le champ du microscope.

Du petit chat il ne restait plus que quelques débris de ses os; tout le reste, même les poils avaient disparu. Le carbonate de chaux, examiné au microscope, avait l'apparence de la craie, sauf les petits cristaux d'arragonite qui s'y voient habituellement. Les microzymas s'y reconnaissaient aisément à leur forme, à leur mobilité et à leur aspect brillant. C'était une sorte de craie artificielle. Elle a été passée par un tamis de soie bien neuf et propre, qu'on avait eu le soin de laver à l'eau créosotée et qu'on avait séché dans une enceinte également créosotée.

On en a fait plusieurs parts. L'une a été mise avec de l'empois créosoté; l'empois a fermenté. La seconde avec de l'eau sucrée; dans les deux cas il y a eu dégagement d'acide carbonique et d'hydrogène. Les produits de la fermentation ont été trouvés les mêmes que ceux qui se produisent sous l'influence de la craie : l'alcool, l'acide acétique et l'acide butyrique comme terme dominant.

Enfin, en reprenant ce carbonate de chaux à microzymas par l'acide chlorhydrique étendu, on peut les isoler, comme on isole ceux de la craie.

J'ai oublié de dire que les microzymas de la craie naturelle ne donnent pas facilement des bactéries. Les microzymas de la craie du petit chat ont aisément évolué en bactéries. Cela les rapproche des microzymas du calcaire des carrières de Barbentane (Vaucluse).

Les microzymas sont donc impérissables, puisque nous les retrouvons doués de leur activité propre.

Et n'est-il pas permis de soutenir maintenant que les calcaires géologiques recèlent les microzymas des êtres d'autrefois?

C'est assurément un grand mystère que cette persistance de

la vie dans un être réduit aux dimensions du microzyma! Mais ce n'est pas moi qui l'affirme; c'est l'expérience invoquée sans parti pris et pour lever les objections que je m'adressais à moi-même.

Et maintenant vous comprenez l'inanité des expériences des sponteparistes et aussi des affirmations de ceux qui s'imaginent qu'il y a des germes atmosphériques. Il n'y a pas de germes atmosphériques, si ce n'est les quelques spores que le vent emporte au loin, comme il emporte les poussières minérales et les masses de pollen qui retombent sur le sol. Ce qu'il y a nécessairement dans l'atmosphère, ce sont des microzymas; et ces microzymas n'ont pas d'autre origine que les foules d'êtres de toutes sortes qui se détruisent dans l'univers. Cette poussière ténue, que l'on aperçoit dans un rayon de soleil qui pénètre dans une chambre noire, contient de ces microzymas qui viennent de tous les points de l'espace qui recèle la vie.

Les microzymas sont si répandus autour de nous que la poussière des rues et de nos appartements en est remplie. Et n'allez pas croire que j'énonce cela comme une conséquence de la théorie. Non, tout ce que j'avance est fondé sur des faits. La poussière des rues de Montpellier est un des plus puissants ferments lactique et butyrique que je connaisse. Cette poussière contient des myriades de microzymas et ces microzymas sont susceptibles d'évoluer en bactéries.

M. Broca et d'autres ont cherché les œufs et les germes d'une foule d'infusoires et même de cellules que l'on voit apparaître dans les expériences que l'on croyait capables de démontrer la réalité de l'hétérogénie : les microzymas sont les germes et ce sont eux dont on ne tenait pas compte et que l'on croyait inertes et amorphes, quand on les désignait sous le nom de granulations moléculaires ; les confondant, tout en en distinguant de plusieurs sortes, dans un commun mépris. Les microzymas n'étaient comptés pour rien et ils sont le réceptacle de la vie matérielle.

M. Berthelot croit que les acides organiques de certaines eaux minérales sont le fruit de synthèses spontanées ; ils sont le produit de l'activité des microzymas des roches que ces eaux traversent. Je l'ai directement démontré.

Les *glaires* de certaines eaux minérales sulfureuses des Pyré-nées ne sont autre chose que des microzymas géologiques enfermés dans une gangue siliceuse. Avec ces glaires j'ai fait des fermentations comme avec les calcaires.

Un mot encore. Les naturalistes et les physiologistes emploient le mot de *protoplasma* pour désigner la matière première de toute organisation. Le protoplasma, selon ces savants, est un liquide plus ou moins complexe, plus ou moins visqueux, dans lequel ne préexiste aucun élément anatomique ou figuré; ce qui revient à dire que le protoplasma est simplement un mélange de composés chimiques divers, suffisants pour produire un élément d'organisation, mais dépourvu de structure organisée. Pourtant on admet qu'un tel mélange est vivant. On est évidemment dupe d'une illusion, car il n'y a pas de matière vivante sans structure organisée. Ne voit-on pas que la théorie du protoplasma suppose la génération spontanée : puisque les éléments de l'organisation s'y développeraient sans cause déterminée? Non, non, le proto-plasma que l'on se figure ainsi, n'est pas vivant comme on le conçoit gratuitement.

Ce que l'on appelle de ce nom, ce prétendu liquide, contient toujours comme éléments figurés des granulations moléculaires qui sont de véritables microzymas. Et c'est cette présence con-stante, nécessaire et démontrée du microzyma qui écarte toute hypothèse et tout système préconçu, et fait comprendre que ce que l'on croyait anhyste et par suite dépourvu de structure, con-tient le point de départ de toute organisation. La vie procède de la vie, l'organisation de l'organisation.

Voici ma pensée toute entière. Dans toute graine et dans tout œuf, à un moment donné, il n'y a que des microzymas dans un mélange de matériaux nécessaires et suffisants. Après la fécon-dation et dans des conditions déterminées, conformément à une loi particulière pour chaque espèce et pour chaque être, les microzymas entrent en jeu et construisent les éléments et les appareils de l'être vivant. A l'origine des choses le Créateur, quand il a voulu faire le monde organisé, a commencé par créer les microzymas chacun selon son espèce et les ayant placés dans les conditions les plus favorables, soumis à une loi particulière, ils ont produit d'abord les végétaux et enfin les animaux. Et quand Dieu a voulu faire l'homme, il les a travaillés d'une manière spéciale, et l'en a formé et l'a animé.

Cette manière supérieure de considérer le rôle des microzymas n'est pas encore adoptée; mais elle me parait si nécessaire, tant de faits sont inexplicables ou inexpliqués sans elle, que l'on sera bien forcé d'y arriver.

Pendant longtemps le rôle des microzymas animaux comme ferments a été contesté ou nié. Aujourd'hui c'est un fait confirmé, non-seulement en France, mais en Allemagne. Il est vrai que ceux qui confirmaient avaient le soin de s'approprier et l'idée et le fait. Mais récemment un chimiste et physiologiste distingué, M. le docteur M. Nencki, professeur de chimie médicale à Berne, dans un important travail relatif à la *décomposition de la gélatine et de l'albumine par leur putréfaction sous l'influence du pancréas*, a eu la délicatesse de faire les déclarations suivantes :

« Il n'y a pas de doute que les germes des ferments de la putréfaction existent dans la plupart des tissus des animaux vivants. A ma connaissance c'est A. Béchamp qui le premier considéra certaines granulations moléculaires, qu'il nomma microzymas, comme étant des ferments organisés et qui défendit sa manière de voir avec résolution contre différentes attaques. A. Béchamp formula ensuite les trois propositions suivantes, fondées sur les recherches qu'il avait entreprises en commun avec Estor :

1. Dans toutes les cellules animales examinées, il existe des granulations normales, constantes, nécessaires, analogues à ce que M. Béchamp a nommé microzyma;

2. A l'état physiologique, ces microzymas conservent la forme apparente d'une sphère;

3. En dehors de l'économie, sans l'intervention d'aucun germe étranger, les microzymas perdent leur forme normale; ils commencent par s'associer en chapelet, ce dont on a fait un genre à part sous le nom de Torula; plus tard, ils s'allongent de manière à représenter des bactéries isolées ou associées.

» On voit, ajoute M. Nencki, que les recherches postérieures de Billroth et de Tiegel ne sont, dans leurs résultats, que la confirmation des trois propositions susénoncées (¹). »

Je n'ai qu'une réclamation à faire dans ce qui suit du mémoire dont je viens de traduire ce qui précède, c'est que M. Nencki attribue à M. Tiegel le mérite d'avoir découvert ces microzymas dans les tissus sains d'animaux vivants. Ni M. Estor, ni moi, n'avons jamais parlé que d'animaux sains et vivants. Quand il y avait lieu de parler d'autres circonstances, nous avions toujours soin de le noter. C'est ainsi que M. Estor, guidé par la théorie du microzyma, avait constaté la présence de microzymas en chapelet, et de bactéries dans la matière de plusieurs kystes qu'il avait ouverts, prouvant ainsi que les microzymas pouvaient évoluer en bactéries dans le corps de l'homme vivant lui-même. J'ajoute que nous avions déjà auparavant constaté la présence des bactéries dans l'estomac et des microzymas seulement dans la portion du canal intestinal qui lui succède.

Je n'en suis pas moins reconnaissant à M. Nencki de ses loyales déclarations.

Je veux finir par une observation générale. Il est très-facile d'imaginer des systèmes, de faire de la spéculation en matière de science. Mais le vrai, le vrai expérimental est laborieux à fonder. J'ose affirmer que dans ce que j'ai eu l'honneur de vous communiquer, et que vous avez écouté avec une bienveillance dont je vous exprime ma reconnaissance très-profonde, l'esprit de système a été constamment absent. Cette théorie du microzyma, que je n'ai pu qu'ébaucher, a été constituée comme il serait heureux que se constituassent toutes les théories scientifiques. Quand on les développe ainsi, pas à pas, toujours expérimentalement, on est assuré de ne point se tromper ou s'égarer. On contemple alors avec ravissement l'accord admirable qui existe entre la science et les croyances chères aux cœurs chrétiens.

---

¹ Berne, novembre 1876, chez J. Dalp, libraire.